新疆是个好地方

湛蓝湖泊

本书编委会 编

新疆科学技术出版社

图书在版编目（CIP）数据

湛蓝湖泊 / 本书编委会编. -- 乌鲁木齐 : 新疆科学技术出版社, 2022.7

（新疆是个好地方）

ISBN 978-7-5466-5210-8

Ⅰ. ①湛… Ⅱ. ①本… Ⅲ. ①湖泊－介绍－新疆 Ⅳ. ①P942.450.78

中国版本图书馆CIP数据核字(2022)第127137号

总 策 划：李翠玲
执行策划：唐 辉 孙 瑾
项目执行：顾雅莉
统 筹：白国玲 李 雯
责任编辑：欧 东
责任校对：白国玲
装帧设计：邓伟民

出 版：新疆科学技术出版社
地 址：乌鲁木齐市延安路255号
邮政编码：830049
电 话：（0991）2866319（fax）
经 销：新疆新华书店发行有限责任公司
印 刷：上海雅昌艺术印刷有限公司
版 次：2022年8月第1版
印 次：2022年8月第1次印刷
开 本：787毫米 × 1092毫米 1/16
字 数：152千字
印 张：9.5
定 价：48.00元

编委名单

PREFACE 前　言

扫一扫带你领略大美新疆

新疆不仅有大漠孤烟、长河落日的壮美，还有风情万种、一碧万顷的湛蓝湖泊。河流在沙漠、戈壁中蜿蜒流淌，湖泊在高山、大漠中温柔灵动，为雄奇大美的新疆增添了一抹秀美之韵。

新疆水域面积达5500多平方千米，其中有河流3400多条、湖泊100多个。蜿蜒逶迤的塔里木河、额尔齐斯河、伊犁河，养育了天山南北的各族儿女；烟波浩淼的喀纳斯湖、天池、赛里木湖、博斯腾湖、乌伦古湖，温柔地诉说着新疆别样的水韵风姿。

本书撷取了天山南北最具特色的湖泊景区，以期为读者展现新疆大地灵秀柔美的一面。

天池

喀纳斯湖

CONTENTS

目　录

喀纳斯
湛蓝
湖泊

人间净土——喀纳斯

喀纳斯湖是中国五大最美湖泊之一。它似隐居在阿尔泰山莽莽密林中的精灵，穿行在幽幽山谷之中，深藏在云烟袅绕之下，荡漾着万顷碧波，美丽而神秘。

卧龙湾、月亮湾、神仙湾这些美丽的名字让人产生无限遐思……

扫一扫带你领略大美新疆

人间净土

神奇的“变色湖”

喀纳斯位于新疆北部阿尔泰山中段布尔津县，北与哈萨克斯坦、俄罗斯接壤，东临蒙古国，距乌鲁木齐市800多千米。其自然生态景观和人文景观始终保持着原生态之美，被誉为“人间净土”。

喀纳斯是我国唯一一处位于四国交界的自然保护区。喀纳斯旅游区以喀纳斯湖为中心，秀颀的西伯利亚冷杉、塔形的西伯利亚云杉、苍劲的西伯利亚红松、繁茂的西伯利亚落叶松和众多桦树构成了漫山遍野的原始落叶林，错落有致，苍翠挺拔；湖面碧波万顷，群峰倒影，湖水还会随着季节和天气的变化而变幻颜色，游人可领略到大自然的奇观——“变色湖”。

禾木雪夜

每至秋季，层林尽染，喀纳斯如同油画般绚烂。四周雪峰耸峙，绿坡墨林，湖光山色，美不胜收。除喀纳斯主景区外，禾木以及月亮湾、卧龙湾、神仙湾、观鱼台等都是不可错过的景点。

喀纳斯风景区是国家5A级旅游景区，也是“中国最美的六个古镇古村”之一、“中国摄影家协会创作基地”，位居中国十大秋景之首，名闻海内外。

秋意浓

喀纳斯的美，绚烂而淳美。喀纳斯国家级自然保护区、喀纳斯国家地质公园、白哈巴国家森林公园、贾登峪国家森林公园、布尔津河谷、禾木河谷、禾木草原等七大自然景观区，无论你的心中想象着怎样的神仙幻境、人间盛景，在喀纳斯都会找到。

“喀纳斯”是蒙古语，意为“美丽而神秘的湖”。喀纳斯湖水来自冰川融水和降水，湖面海拔1374米，面积45.73平方千米，湖泊最深处高程1181.5米，湖深188.5米，蓄水量达53.8亿立方米，是中国最深的冰碛堰塞湖，是一个坐落在阿尔泰深山密林中的高山湖泊、内陆淡水湖。

徜徉喀纳斯湖畔，高山、河流、森林、湖泊、草原等纯美的大自然美景一一呈现，成吉思汗西征军点将台、古代岩画等历史文化遗迹与图瓦人独特的民俗风情为这一切奠定了绚烂多姿的人文底蕴。

湖中游艇

白湖

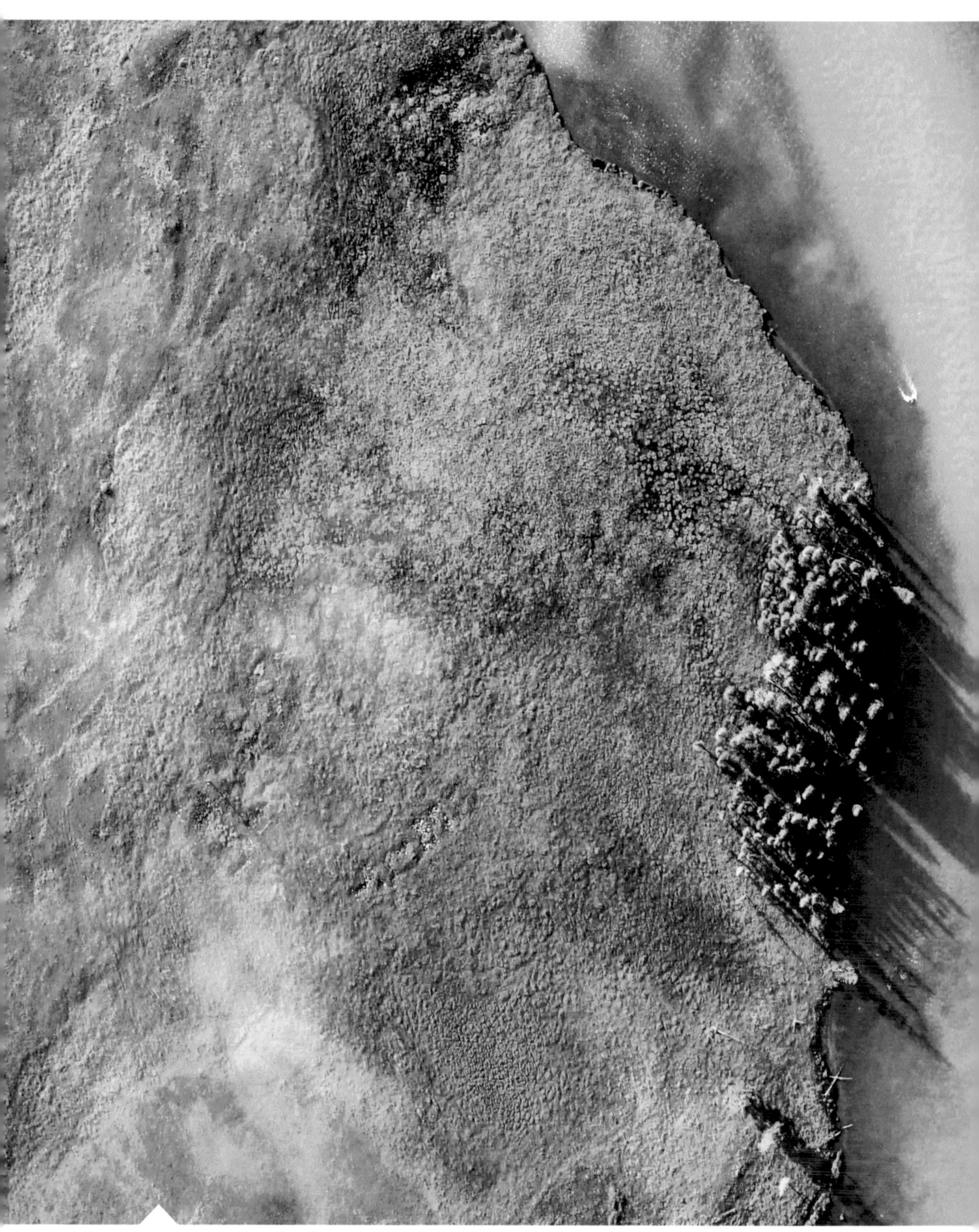

湖与森林

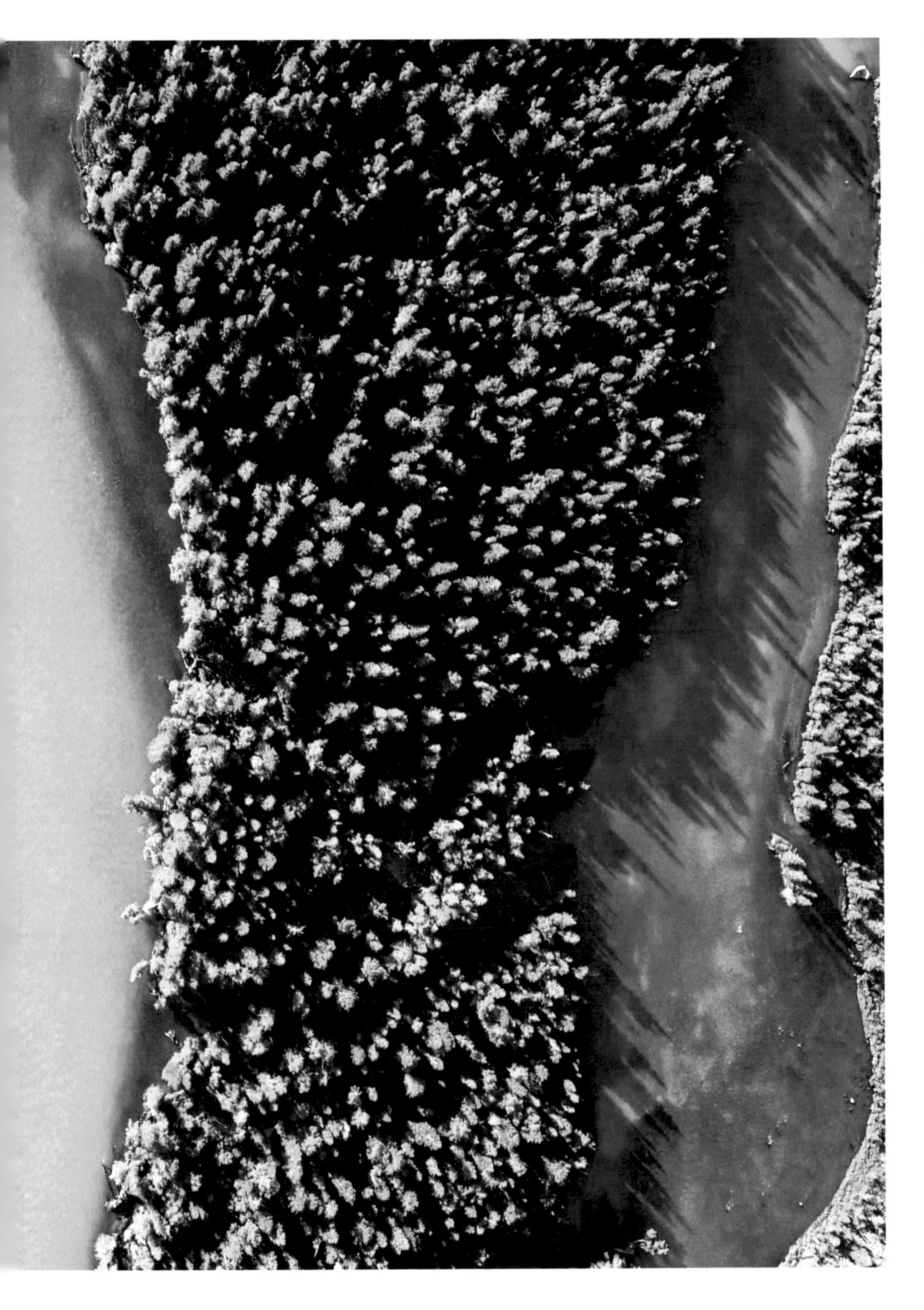

古地中海海底遗迹

秋景

喀纳斯湖的美景中藏着神秘的传说，每年都有游客拍到湖水中奇异的水迹，在喀纳斯湖畔生活的牧民口中流传着“湖怪”的种种传说，当地还传唱着“湖怪之歌”。“湖怪”究竟是什么？至今莫衷一是，却让喀纳斯的美更具“魔力”。

喀纳斯湖美景、奇观令人目不暇接：千米枯木长堤——众多漂浮在湖中的浮木被强劲谷风吹着逆水上漂，在上游堆聚而成；喀纳斯云海佛光——雨过天晴，彩虹出深山，形成奇景；月亮湾、卧龙湾、神仙湾则是喀纳斯诸多美景中的代表，三个湾，湾湾美不同。

黑湖又称喀拉库勒湖，在禾木乡以西大约10千米，湖水墨黑，捧起来细看却清亮洁净，当电闪雷鸣之时。湖水会神奇般地变成黑色，成为名副其实的黑湖。有黑湖，也有白湖—— 阿克库勒湖，也在禾大乡境内。湖呈“Y”形，长6600 米，宽度不等，最宽处 1900 米。面积85平方千米。湖水呈乳白半透明状，外观湖水呈白色，故名白湖。双湖则在喀纳斯湖四道湾以西，湖面约1.4平方千米。双湖呈椭圆状，由两个狭长的小湖相连而成，宛如一对孪生姐妹，又名“姐妹湖”。千湖是喀纳斯冰川的杰作，由古冰斗、冰窖等洼地发育而成，数以千计的大小湖泊星罗棋布、蔚为壮观。其中最大的就是黑湖。

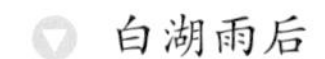
白湖雨后

双湖

鸭泽湖由喀纳斯河改道后废弃河段——牛轭湖洼地组成，呈长形蝶状，沿洼地南端形成一个南北走向的宽浅湖泊，形似蝶状的一泓碧水与沼泽湿地连为一体。鸭泽湖面积约1.3平方千米，长3千米，宽600~800米，湖周开阔平缓，湖泊似镜，夏天有成群野鸭、大雁在湖区栖息游弋，繁衍生息，故而得名。

驼颈湾是进入喀纳斯河谷的第一个景点，哈萨克语称之为“博托木衣”，意为骆驼脖子，喀纳斯河在这里形成了一个恰似驼颈的大拐弯。驼颈湾四周森林密布，主要树种有西伯利亚落叶松、西伯利亚云杉、欧洲山杨、疣枝桦以及林下密布的刺蔷薇、多刺蔷薇等灌木。秋天，这里是喀纳斯景色最美的地段之一。秋风起，严寒近，山上阔叶林的树叶开始干枯，叶片中叶绿素被破坏分解，叶黄素和胡萝卜素所具有的黄色和橙色就会显现出来。有些植物的叶片还会产生花青素，这是一种颜色不稳定的色素，在酸性环境下会呈现出红色。此时的山林色彩丰富而斑驳，犹如斑斓多彩的油画，美得让人窒息。

观鱼台冬景

观鱼台，伫立在海拔2030米的哈拉开特山顶，与喀纳斯湖湖面的垂直落差达600多米，因处于观察“湖怪”的最佳位置，故得名观鱼台。这里也是观赏喀纳斯的最佳地点，站在这里举目四望，美景尽收眼底。

观鱼台始建于1987年，2008年改扩建。“观鱼台”牌匾由著名作家余秋雨题写。不登观鱼台，不足以领略喀纳斯美景的极致，登观鱼台是整个游览行程最后的惊叹号。

西北第一村——白哈巴村

成吉思汗当年的“点将台”就在鸭泽湖北面2千米的一块草地平台上，平台上有一块巨大的漂砾石。据说，成吉思汗曾站在这块巨石上检阅雄师。点将台附近有近百个以鹅卵石堆砌的圆形图案，传说是成吉思汗大军驻扎留下的遗迹。

喀纳斯有三个远近闻名的图瓦人村落：禾木村、白哈巴村、喀纳斯村。

原始木屋

图瓦人的传统摔跤

禾木村是三个村中最远、最大的村庄。原木搭成的房子使整个村充满了原生态气息。村落中最出名的是万山红遍的醉人秋色。当农家炊烟在秋色中冉冉升起时，形成一条梦幻般的烟雾带，整个禾木村胜似仙境。在村周围的小山坡上可以俯视整个村庄及禾木河，小桥流水，牧马人在丛林间扬尘而过的画面尽收眼底。2019年，禾木村入选首批全国乡村旅游重点村名单。

传统射箭

白哈巴村，被誉为西北第一村和西北第一哨，位于中国与哈萨克斯坦接壤的边境线上，距哈萨克斯坦东锡勒克仅1.5千米，有国防公路相通。白哈巴村是中国最美村落之一，是原始自然生态与古老传统文化共融的村落。青色的松林一直延伸到村里，村民住的木屋和圈养牲畜的栅栏错落有致地散布在松林、桦林之中，犹如世外桃源。

喀纳斯村是最早被开发的旅游村落，其中家访接待点、特色民宿已成规模，深得海内外游客青睐。

聚居在这里的图瓦人，勇敢强悍，善骑术，善滑雪，能歌善舞。古老村庄里，原木小屋，小桥流水，炊烟袅袅，奶酒飘香，古朴的风土人情，让人流连忘返。

近年来，图瓦民俗备受人们关注，尤其是“去禾木过‘原始年’”已成为旅客的保留节目。在喀纳斯湖畔的“中国第一村”—— 禾木村，和图瓦人一起庆祝新春佳节—— 坐雪地摩托到白雪皑皑的禾木美丽峰下，感受雪山下的牧场风情；在图瓦人家里喝酥油茶，砸骨头品尝骨髓；坐马拉爬犁、雪地摩托，感受古老滑雪、特色泼雪、跳雪；还可以领略当地传统射箭、传统摔跤、叼羊、赛马等活动。趁着夜幕降临，参加当地篝火晚会，为此次旅行画上完美的句号。

如今，喀纳斯村、禾木村、白哈巴村特色民宿非常火爆，旅游旺季，一房难求。在群山怀抱中静坐沉思，清晨登上高高的山顶，看太阳跃出云海的壮观景象，享受现代和传统融合的图瓦人生活，成为许多人的追求之一。

冬趣——打雪仗的孩子

冬景

喀纳斯有几样会给你留下难忘记忆的独特美味。

一是黄奶酪。将鲜奶加热后，放入特制的发酵剂，反复揉搓，再煮10分钟后取出，然后将奶汁中的水分煮干，即成颜色发黄的豆腐状黄奶酪，也称为奶豆腐。

二是白奶酪。是图瓦人交往中的重要礼品，是圣洁的象征，男女提亲、定亲、结婚时，送一块白奶酪胜过送一只羊。白奶酪制作方法是在酸奶中兑进熟奶煮成糊状，倒在草帘上将黄水过滤掉，留下的白色糊状奶晾干后就是白奶酪。

三是酸奶酥油。将酸奶倒入皮桶，用木杵反复搅拌，倒出一部分酸奶加热后，再倒回皮桶反复地搅拌。这时，酸奶上面便会出现一种白色的泡沫状悬浮物，凝成软块，就是酥油。喀纳斯的酸奶酥油香甜可口，是图瓦人接待贵客的美味。

晾晒酸奶疙瘩

制作白奶酪

天山天池
湛蓝
湖泊

雪峰下的瑶池——

天山天池

来新疆旅游，天山天池是必去的景区。所谓不到天池枉入疆！天山天池以它得天独厚的优势——距离乌鲁木齐市97千米，集新疆自然风光、人文历史、民俗风情于一身，一天之内几乎就可以览尽北疆风情，性价比极高。

美丽的天山天池就像一颗璀璨的蓝宝石镶嵌在峡谷森林中。天池，是典型的高山冰蚀冰碛湖，古称“瑶池”，又有冰池、神池、龙湫、龙潭之称。在中国神话传说中，天池是西王母的仙居胜地。

扫一扫带你领略大美新疆

天山天池

天山天池地处新疆昌吉回族自治州阜康市境内，距乌鲁木齐市97千米。它位于天山山脉东部最高峰博格达峰脚下，以奇秀峻美著称于世，国家5A级景区，是新疆最具知名度的景区之一。天山天池是世界自然遗产地、联合国教科文组织的“人和生物圈计划”博格达峰生物圈保护区、国家级森林公园，被列入国家地质公园、国家自然遗产地名录。

来到天池，可以欣赏绝美的天池八景：石门一线、海峰晨曦、龙潭碧月、悬泉瑶虹、顶天三石、定海神针、南山望雪、西山观松。乘坐电动游船畅游在天池湖中，可以欣赏到天池八景中的定海神针、南山望雪、西山观松三景。

天山天池

天山天池景区以天池为中心，规划面积达548平方千米，有完整的垂直景观带和雪山冰川、高山湖泊。整个景区划分为六类保护区（生态保护区、自然景观保护区、史迹保护区、风景恢复区、风景游览区、发展控制区），整体形成以天池和博格达峰为主轴的一池一峰三峡谷（三工河、四工河和水磨沟河谷）一沙漠的布局。

冬景

站在湖畔向东眺望，可以看见三座耸立的山峰，那就是灯杆山。灯杆山景区距天池西岸约4千米。灯杆山是天池西侧群峰中的第二高峰。主峰海拔2718米，顶峰耸立着3块巨大的石笋，系火山岩裂隙风化而成。其状如戟，直刺长空，又称“柱天石”“摩天石”“顶天三石”，传说是王母娘娘降妖伏魔的绣花鞋所化。灯杆山是天池观落日的好地方。这里山脉南北横卧，登高远眺，视野平阔，俯可瞰天池全貌，仰可望博格达雪峰。每当夕阳西下，红霞满天，极为壮观。

早春

冰雕

马牙山景区是近年来人们深度开发打造的新景区的代表，属于山地景观。马牙山位于天池西南约4.5千米的山峦之中，是环抱天池的十座山峰中最高的一座。马牙山石林是我国目前发现的面积最大的高山石林。来到马牙山，只见断崖崔嵬、石峰林立，远望犹如一排排巨大的马牙，仰视宛若万笏朝天，令人目眩神迷，不由惊叹大自然的鬼斧神工。

天池景色优美，文化积淀更为深厚。近年来，天池开展了游览观光、探险揽胜、休闲健身和民俗风情游赏等多种文化旅游项目。

在天池的左右两侧各有一座道观，左边是王母宫，右边是福寿观。

王母宫又名瑶池宫、西王母祖庙，建在天池左侧高高的山坡上，分前、后两个部分。前部分是王母宫，由钟楼、鼓楼、山门殿、娘娘殿、财神殿和正殿等建筑构成。后面是一栋二层大殿，位于山坡的较高处，名叫王母洞。前、后两个部分之间有石板砌成的台阶相通，方便游人、香客往来。

天池福寿观

王母宫始建于何时难以考证，现在人们看到的王母宫是近年在旧庙址上重建的。近年来，天池培育和发展天池五大文化中，以西王母瑶池史话为主题的西王母文化发展最为迅速。

福寿观原名铁瓦寺，据阜康地方志记载，铁瓦寺初建于清朝乾隆年间，因屋顶铺设铁瓦而得名，建成后数度被毁。1946年，时为国民政府监察院院长的于右任登临天池，再次维修铁瓦寺。当时住庙的不是佛教的和尚而是道教的道士，于右任还曾为寺庙题写了“灵山道观”的名称。他的《三十五年八月十二日，夜宿天池上灵山道院，不寐有作》诗云：

飞度天山往复还，今来真是识天颜。

云中瀑布冰期雪，月下瑶池雨后山。

行远方知骐骥贵，登高那计鬓毛斑。

夜深惘惘情难已，万木啼号有病杉。

2002年，新疆文物部门对铁瓦寺遗址进行发掘，重建庙宇，为凸显这里的道教文化而改名福寿观。现在的福寿观占地13亩，建筑面积2860平方米。庙门朝东正对天池，远眺可看到博格达峰上的皑皑白雪。在道观主轴线上，前后有山门殿、三皇殿和三清殿，左、右两侧对称分布的有财神殿、娘娘殿、八仙殿、文昌殿。

在三工河谷古榆林中，有一处风情园——天山天池民俗风情园。当地特色民俗缤纷多姿，阿肯弹唱、手工刺绣、擀毡、婚俗、家访、歌舞表演、骑马游园让游客目不暇接。瓜果飘香的季节里，石榴、葡萄、无花果、红枣、苹果、巴旦杏、杏、桑椹、蟠桃、梨、核桃、沙棘、伽师甜瓜、哈密瓜，等等，足以让游客大饱口福。

赛里木湖
湛蓝
湖泊

大西洋最后一滴眼泪

赛里木湖

在夏日午后来到赛里木湖，伴着山色湖光，选一处松树下小憩，在远离人群、隔绝喧嚣的氛围中，看雪峰山岭，听波浪松涛，感受自己逐渐融化在这一池碧水中的惬意时光。

赛里木湖，古称“净海”，又被人称为“大西洋的最后一滴眼泪”，是新疆海拔最高、面积最大的高山湖泊，大西洋暖湿气流最后眷顾的地方。

扫一扫带你领略大美新疆

高山湖泊的冷水鱼

赛里木湖景区位于博尔塔拉蒙古自治州境内北天山山脉中，距乌鲁木齐市约600千米，是国家5A级景区。湖面海拔2071米，东西长30千米，南北宽25千米，总面积453平方千米。湖水清澈透底，透明度达12米。

1998年，科技工作者从俄罗斯引进高白鲑、凹目白鲑等冷水鱼进行养殖，结束了赛里木湖不产鱼的历史。如今，赛里木湖已发展成新疆重要的冷水鱼生产基地。

湖畔之春

赛里木湖景区划分为环湖风光游览区域、草原游牧风情区域、生态景观保育区、天鹅及其他珍稀鸟类栖息地保护区、原生态环境保持区等六个功能区。以赛里木湖为中心，包括湖周围风光旖旎的山地森林和湖滨草原，组成为一个湖泊型风景名胜区。

冰泡

湖畔驼铃

金缎镶边。春末夏初，赛里木湖四周碧草如毯、百花争妍，黄色的金莲花遍布草原。此时的草原泛着金黄，其中点缀着紫、红、蓝、白等五彩斑斓的鲜花，堪称赛里木湖之绝景。

花海

环湖骑行

科山观松。科古尔琴山林丰草密，松树头南侧的果子沟中更是林木层层叠叠，随山势连绵，延伸至遥远天际。风起之时，阵阵松涛汹涌澎湃，俨然一片绿色的海洋。

俯瞰果子沟大桥

赛里木湖冰泡

绿海珍珠。赛里木湖草原是新疆最大的夏牧场之一，一望无际的绿色原野上，承载着数十万头洁白如珍珠的羊儿。每年6~8月，在辽阔的草原上，毡房星点，炊烟袅袅，洁白的绵羊在草场上涌动，犹如朵朵白云，构成了一幅静谧、深远、如诗如画的湖边牧场风物画。

湖畔森林

净海七彩。由于受湖底地形的影响，加之波浪湖流及天空状况的变幻，湖水色彩斑斓，湖面会随时改变颜色。水中倒影清晰逼真，湖光山色浑然一体，构成了一幅偌大的绝美水墨画，令人沉醉。

冬景

冰棱

赛里木湖之滨有大量草原先民的历史遗存：岩画、乌孙古墓群、寺庙遗址、鄂博、碑刻、古驿站遗址等。

乌孙古冢是赛里木湖人文景观的代表。公元前2世纪到公元5世纪，博尔塔拉一带一直是乌孙人的主要活动地区之一。乌孙人在赛里木湖西岸的大草原上遗留下一字排开的数十座高大乌孙古墓，当地人俗称“土墩墓”。在此，考古学者发掘出土了大量文物。

博斯腾湖
湛蓝
湖泊

戈壁沧海

博斯腾湖

冲出巍巍天山，眼前便是一片开阔的平地，在不远处与之相连着延绵起伏的沙丘，令人叫绝的是，在高山和沙山之间，是万顷碧波——博斯腾湖，它是中国最大的内陆淡水吞吐湖。

《汉书·西域传》记载："南至尉犁百里，近海水多鱼"，"近海"就指博斯腾湖；《水经注》中记载的"敦薨浦"，也是指博斯腾湖。

扫一扫带你领略大美新疆

博斯腾湖古称“西海”，位于巴音郭楞蒙古自治州境内，跨博湖县、焉耆县、和硕县、库尔勒市三县一市，距乌鲁木齐市450多千米。湖水与雪山、绿洲、沙漠、奇禽、异兽同生共荣，勾画出大漠西海的独特风光。

博斯腾湖东西长55千米，南北宽25千米，水域总面积800多平方千米，湖面海拔1048米，平均深度9米，最深处17米。博斯腾湖的湖体可分为大湖区和小湖区两部分。

据《隋书》记载，博斯腾湖有“鱼、盐、蒲、苇之利”。湖区周围生长着广茂的芦苇，是中国重要的芦苇生产基地。此外博斯腾湖盛产各种淡水鱼，是新疆最大的渔业生产基地。

浩瀚的博斯腾湖

游艇滑过湖面

沙围着水，水环着沙

河谷春色

博斯腾湖是国家5A级旅游景区。烟波浩淼的博斯腾湖，万顷芦苇随风荡漾，成群的鸟儿在湖面嬉水翻飞，远眺湖水与巍峨的雪山相接，近观湖水同金色的沙漠相连，让人浑然忘却身处豪情满怀的新疆，错以为置身于烟雨迷蒙的江南。整个湖区散布着数十个小湖区，其中有大河口、阿洪口、白鹭洲等景区。

→

博斯腾湖

博斯腾大湖区水域辽阔，水天一色，被誉为沙漠瀚海中的明珠。小湖区苇翠荷香，曲径幽深，被誉为“世外桃园”。莲海世界（阿洪口）拥有我国最大的野生睡莲群，庞大的野生睡莲群与40万亩自然芦苇依水而生，被誉为博斯腾湖的珍珠项链，泛舟莲叶之中，仿佛置身江南水乡。

莲海世界

西海渔村

博湖晚归

除了自然景观，人们还依托博斯腾湖湿地景观、苇荡莲塘、民族风情、民俗活动、节庆赛事开发建设了人文景观。博斯腾湖大河口的西海渔村就是融湿地观光、生态休闲、民俗体验为一体的“博斯腾”文化体验目的地。这里位于博斯腾湖西岸，距南疆铁路25千米、314国道22千米、博湖县城12千米。景区内建有西北最大的内陆渔港码头、西海渔村酒店、西海第一锅、西海烧烤棚、姜太公垂钓园、观鱼轩等旅游服务设施。

博斯腾湖冬捕节是博斯腾湖冬季最热闹的节日。古朴的祭湖仪式蔚为壮观。人们跳起民俗祭湖舞蹈，民间艺人唱着悠扬的长调敬献哈达，非遗传承人念着美好的祝赞词，祈求鱼丰人顺、五谷丰登。

在刺骨的寒风中，一群身着翻毛大衣和长筒水靴的渔家汉子站在坚冰如石的湖而上，吆喝着雄浑整齐的号子，在绞网机的牵引下，将大网缓缓拉出，万千鱼儿蹦跳着涌出冰面，构成一幅“年年有鱼”的欢乐场景，每年都吸引大批的游客参加。

鸥鸟云集

收获

新疆辣椒之乡——博湖县

热油，放葱姜，入鱼，翻炒，加调料，起锅……经过一连串令人眼花缭乱的操作后，一盆盆冒着热气、香味扑鼻的“博湖红烧鱼”端上了餐桌。

博斯腾湖盛产各种鱼类，由此诞生了独具魅力的全鱼宴。这里的鱼宴所用的鲜鱼和水就地取自博斯腾湖，经过名厨们的蒸、炒、炸、焖、溜、爆，配以博斯腾湖湖区出产的芹菜、辣椒、大葱、大蒜和番茄等有机蔬菜，鱼肉鲜香，美味健康，是游客不能错过的绝佳美味。

乌伦古湖
湛蓝
湖泊

大漠鱼乡——

乌伦古湖

它因乌伦古河的注入而得名，从空中俯瞰，犹如一弯与沙漠相伴相随的新月。它是北疆最大河流——乌伦古河的尾闾湖，是准噶尔盆地北部最美丽的湖泊。

扫一扫带你领略大美新疆

乌伦古湖位于阿勒泰地区福海县境内，距乌鲁木齐市630多千米，是乌伦古河的归宿地，分为大海子（布伦托海）和小海子（吉力湖），是新疆重要的渔业基地。湖中芦苇丛生、沼泽遍布，鱼鸟资源丰富。

乌伦古湖地处较为寒冷的阿勒泰地区，每年11月中旬湖面封冻，至次年5月解冻，冰期长达半年以上，冰层厚近2米，是我国湖冰最厚的湖泊之一。

丹霞地貌

乌伦古湖航拍

戈壁大海

夕阳西下

湖面广阔，烟波浩淼，泛舟湖上，所见之景，媲美“八百里洞庭”。两岸芦苇茂密丛生，湖中鸟岛栖息着天鹅、黑颈鹳、海鸥等47种鸟类，这里是鸟儿的“天堂”。禽鸟翩飞，鱼翔湖底，生机盎然。乌伦古湖素有“北国渔乡”的美誉，鱼类资源丰富，出产贝加尔雅罗鱼、河鲈、斜齿鳊、东方真鳊、圆腹雅罗鱼、银鲫、丁卡等10多种鱼类，平均年产量约3000吨，占全疆渔业总产量的1/3以上。

渔歌唱晚

丹霞地貌

乌伦古湖北岸有长约10千米的银色沙滩，适宜游泳、冲浪、滑板、划船等水上娱乐活动，岸边游乐设施齐全。徜徉在乌伦古湖，晚霞夕照、渔歌晚唱是常见的美景。如今，乌伦古湖又增添了黄金海岸、海上魔鬼城等景区。

黄金海岸景区位于乌伦古湖大海子东岸，银色沙滩绵延十几千米，夏季湖水温度保持在20℃左右，沿岸有近100米长的天然浅水滩，享有“新疆第一海滨”的美誉。

海上魔鬼城景区，在福海县吉力湖（乌伦古湖小海子）东岸，是一片十分罕见的水中雅丹地貌，呈南北走向，绵延数千米。来到这里，就像走进了一座鬼斧神工的水上城堡，神秘而瑰丽。

冬捕收获

乌伦古湖最有特色的节庆是冬捕节。在辽阔的冰面上，渔民们用冰钏凿冰开洞，将千米长的大拉网从冰下缓缓穿过，然后逐渐围拢，形成一个面积达几千平方米的网阵。从下网到收网，整个过程需要5个多小时。伴随着绞网机的隆隆声响，大拉网被牵引着徐徐露出水面，狗鱼、鲢鱼、鲤鱼、扁花鱼在网里翻腾跳跃。伴随着参观的游客情不自禁的欢呼惊叫声，从湖面到岸边一片欢腾的景象，好不快活！

巴音布鲁克天鹅湖
湛蓝
湖泊

天鹅家园

巴音布鲁克天鹅湖

巴音布鲁克天鹅湖，是亚洲最大、我国唯一的天鹅自然保护区，栖息着我国最大的野生天鹅种群。天鹅湖平均海拔2400米，总面积约1100平方千米，由无数个大小湖组成。

扫一扫带你领略大美新疆

巴音布鲁克天鹅湖，位于巴音郭楞蒙古自治州和静县境内，距乌鲁木齐市约500千米。作为“新疆·天山”世界自然遗产的重要组成部分，天鹅湖是天山大型山间盆地、温带干旱区高寒湿地生态系统、天山河曲沼泽景观的典型代表，也是中国最大的天鹅繁殖地，全球野生天鹅繁殖的最南限。

巴音布鲁克草原之夏

草原与湖泊

天鹅嬉戏

每年春暖花开，冰雪解冻，在印度、缅甸、巴基斯坦，甚至黑海、红海和地中海沿岸越冬的上万只大天鹅、小天鹅、疣鼻天鹅会成群结队地飞来，在美丽的天鹅湖栖息繁衍。

世世代代生活在这里的牧民，把天鹅视为“贞洁之鸟”“美丽的天使”和“吉祥的象征”。他们珍爱天鹅，禁止射杀天鹅、捡拾天鹅蛋。1980年天鹅湖就建起了天鹅保护区，1986年被批准为国家级天鹅自然保护区。

盛夏时节，来到天鹅湖，远远望去，远山如黛、碧水荡漾、天鹅振翅，草原、天鹅、湖水、山峰、云影融成一片极为壮观、充满和谐的景致，令人心旷神怡。景区内建有观鸟台供游人登高观赏鸟类。

九曲十八弯

天鹅湖畔还有一处绝美景观——九曲十八弯，曾数次登上《中国国家地理》杂志等诸多国内外旅游刊物。夕阳下，在连绵起伏的远山近丘的衬托下，蜿蜒曲折的河道像一条闪亮的巨大飘带，飘在碧绿的湿地草原间。山峰下、草原上，牛羊成群，悠然自得，像一幅浓墨重彩的油画，更似一首婉转悠长的田园牧歌。

草原牧歌

曲折河道

冰雪消融

巴里坤湖
湛蓝
湖泊

东疆最美的湖泊

巴里坤湖

它是新疆东部最美丽的湖泊，四周山峦起伏，雪山环绕，种类繁多的水鸟欢快舞蹈，在烟云和碧波中穿行，湖中水波荡漾，独具“迷离蜃市罩山峦”的奇观。

扫一扫带你领略大美新疆

湖面倒影

巴里坤湖，古称蒲类海，位于哈密市巴里坤县西北18千米处，距离乌鲁木齐市近500千米，海拔1585米，属高原湖泊。巴里坤湖湖面呈椭圆形，东西宽约9千米，南北长13千米，面积113平方千米。这里山峦叠嶂，水草丰美，碧波荡漾，鱼跃鸟翔。

在这里，一年四季皆有美景。

春日融融，气温渐升，冰雪消融的巴里坤湖迎来了大批特殊的“客人”—— 赤麻鸭、棕头鸥。它们翩翩而来，在湖中嬉戏觅食。湖岸边，草滩新绿，成群的牛马悠闲地吃草。好一幅天山脚下的春日风光图。

每当盛夏，湖光山色分外迷人，鸭游鹭飞，芦苇茂密，荷花绽放。

夏秋之季，野鸭、大雁、白鹭成对成群，嬉戏其间。牧民们游牧湖畔，毡房座座，牛羊成群，牧歌悠扬，是一处避暑旅游的好地方。

冬日的湖，银装素裹、冰封雪冻，巍峨的天山、如镜的冰面构成一幅“山舞银蛇，原驰蜡象”的壮美雪景。

嬉戏

幻彩湖

水鸟云集

陪伴

绵延千里

冬景

哈巴河白沙湖
湛蓝
湖泊

沙漠奇迹——

哈巴河
白沙湖

在祖国最北端的阿勒泰地区哈巴河县，连绵起伏的沙漠环绕着一泓碧水——白沙湖。湖畔绿树成荫，湖面水波粼粼，和周边苍茫的瀚海形成强烈对比，就这样沙漠、湖水、白桦林构成了一幅难得一见的美景。

扫一扫带你领略大美新疆

沙漠奇迹

沙漠小居民蜥蜴

白沙湖景区位于新疆生产建设兵团第十师185团。这里是中国版图上无可争议的“羽尾尖”，中国西北极坐标，称为“西北之北”，是祖国西北方向最远的一片国土。最北边的一连紧邻中国与哈萨克斯坦国界线，是新疆生产建设兵团最西北的一个连队，被称为“西北边境第一连”。

景区地理位置独特，旅游资源十分丰富，有众多独具魅力的自然风景：犹如人的眼睛一样的眼睛山、象征着“中哈友谊”的白桦林、“沙漠火焰”红叶林、“天籁之音”鸣沙山、额尔齐斯河出境口等。

白沙湖海拔约650米，南北长约2100米，东西宽1300米。湖岸周边生长着高大茂密的白桦林和阿尔泰山杨，是一个被沙丘环绕的沙漠小湖，阿勒泰地区千里画廊上的重要景区之一，被称为“沙漠奇迹”。

除了白沙湖之外，白沙湖景区主要由喀拉苏干沟遗址、西北民兵第一夫妻哨所、抗洪守土纪念碑、鸣沙山、红叶林、白桦林、眼睛山、西北边境第一连等多个景点组成，是国家5A级景区。

黄昏的白沙湖

白沙湖位于浩瀚沙漠之中，是一个原生态沙漠湖，没有进水与出水口。虽然沙漠的蒸发量惊人，但是这里的水位多年来却变化不大，更不曾因季节变化而增多或减少，堪称“奇迹”。

这里的景致独特，湖岸四周生长着密密的芦苇、菖蒲等水生植物，湖中还有野荷花静静绽放，美得超凡脱俗。湖岸周围50米内，是高大茂密的杨树、白桦混生的林带。

盛夏莲花盛开，野鸭畅游其间；秋天层林尽染，落叶随风起舞。湖中碧波如镜，远山沙海映衬，气象万千，令人心醉。“塞北小江南”便由此得名。

桦林秋色

喀什巴楚红海
湛蓝
湖泊

人间仙境——

喀什
巴楚红海

有人称巴楚红海景区是“人间仙境”，这里集湖泊、河流、草原、湿地、戈壁、胡杨林于一体，是南疆难得一见的多种景观混合型旅游景区。

扫一扫带你领略大美新疆

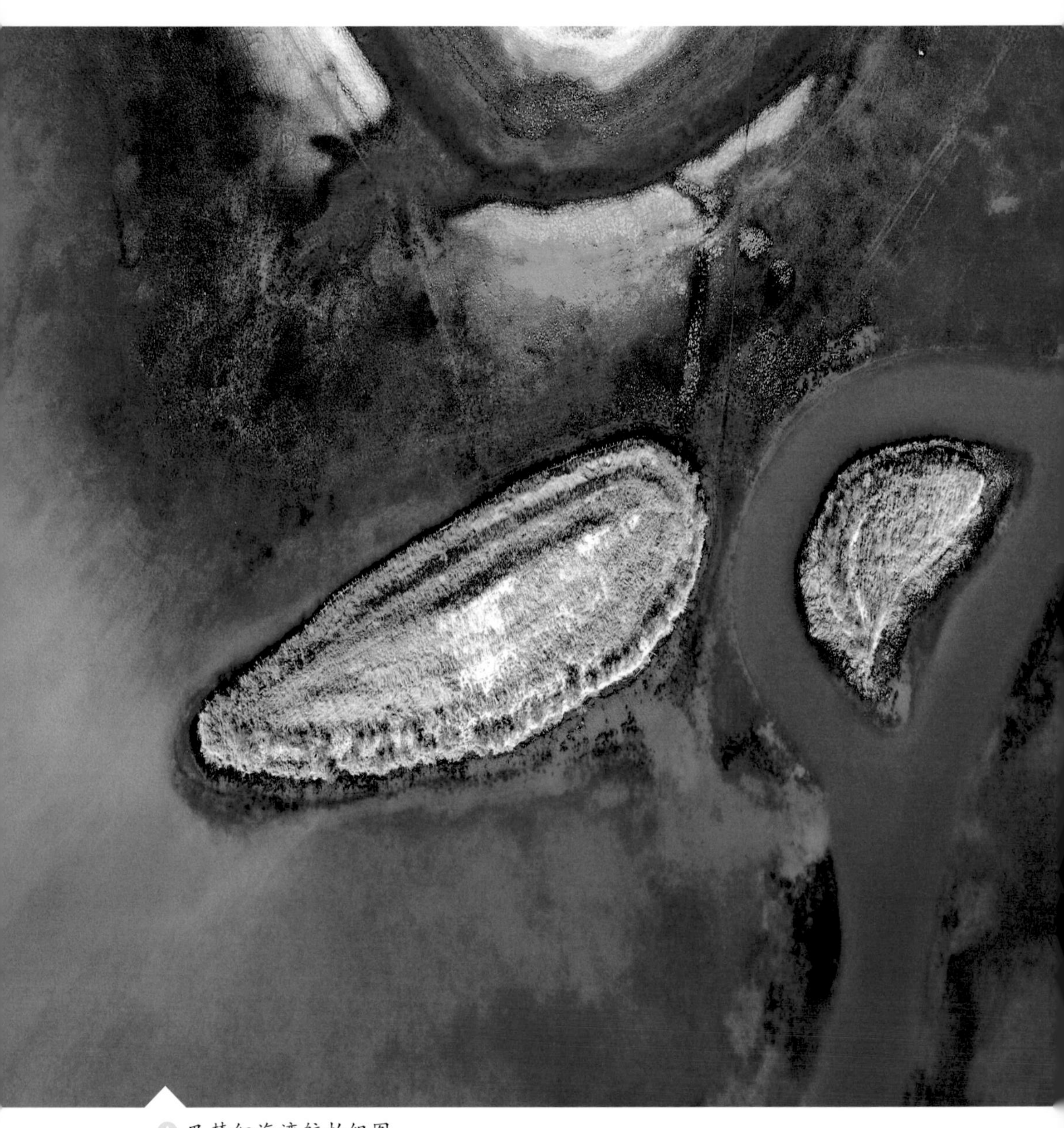

巴楚红海湾航拍组图

红海景区位于喀什地区巴楚县阿纳库勒乡境内，距巴楚县城12千米，是国家4A级景区。景区由喀什河湿地、红海水上乐园、丝绸古道驿站、胡杨海四大旅游景观区组成。巴楚红海以其古老之文明、沙漠之绿洲、胡杨之故乡、景色之壮美的地域风光，成为不可多得的原始生态胡杨旅游基地，吸引着众多游客。

巴楚红海景区

来到巴楚红海，可以一睹“活着千年不死，死后千年不倒，倒下千年不朽”的胡杨风采，游憩于胡杨海“森林氧吧”，感悟胡杨精神，体会发自内心的宁静与祥和。

这里的喀什河湿地是鸟类栖息的家园，有国家一级保护动物白鹳、黑鹳、[illegible]鹤等，也有国家二级保护动物燕隼、鸢、苍鹰等。[illegible]，这里是鸟类的天堂，野鸭、海鸥、燕隼、鸢、苍鹰、杜鹃、夜鹰、金黄鹂、灰蓝山雀、树麻雀等30余种候鸟会集于此，万鸟齐鸣，声声不息。

红海景区码头

在巴楚，有着316万亩原始胡杨林，这是世界连片面积最大的天然胡杨林，是新疆胡杨林中最广阔的一片，被称之为“胡杨海”。

这里还是远近闻名的水乡，是南疆最大的水上游乐基地、水景观光基地之一。坐着快艇、游艇在水色黛碧的湖面上畅游，是游客最喜爱的活动。

有水就有鱼，巴楚烤鱼声名远播。新疆烧烤全国闻名，巴楚烧烤闻名新疆，烤鱼冠绝巴楚。把鲜活鱼洗净，剖开撑成两片，用树枝横、竖穿起，将穿好的鱼插在地上，围成半圆形，把干柴放在半圆形内点燃、烘烤，待两面烤至金黄即可，烤鱼鲜嫩不腥，香酥可口，别有风味。

烤鱼

吐鲁番艾丁湖
湛蓝
湖泊

全国最低点

吐鲁番艾丁湖

吐鲁番市高昌区艾丁湖，是吐鲁番盆地海拔最低处，也是中国陆地海拔最低点。从这里出发，你走的每一步都是在往高处走。

扫一扫带你领略大美新疆

艾丁湖，距离乌鲁木齐市180多千米。这里的湖面比海平面低154.31米，湖底最低处比海平面低161米。有人说，它是世界上除死海外离地球中心最近的地方。

吐鲁番盆地是天山东段南侧封闭性山间盆地，艾丁湖则是吐鲁番盆地地表径流的归宿点，万河汇流，在此聚集。

夕阳下的湖面

干旱炎热的天气，巨大的蒸发量，湖面上满目白花花的盐壳，使艾丁湖成为不折不扣的内陆咸水湖、是中国矿化度最大的湖泊。南岸戈壁茫茫，一望无际，寸草不生。

石碑

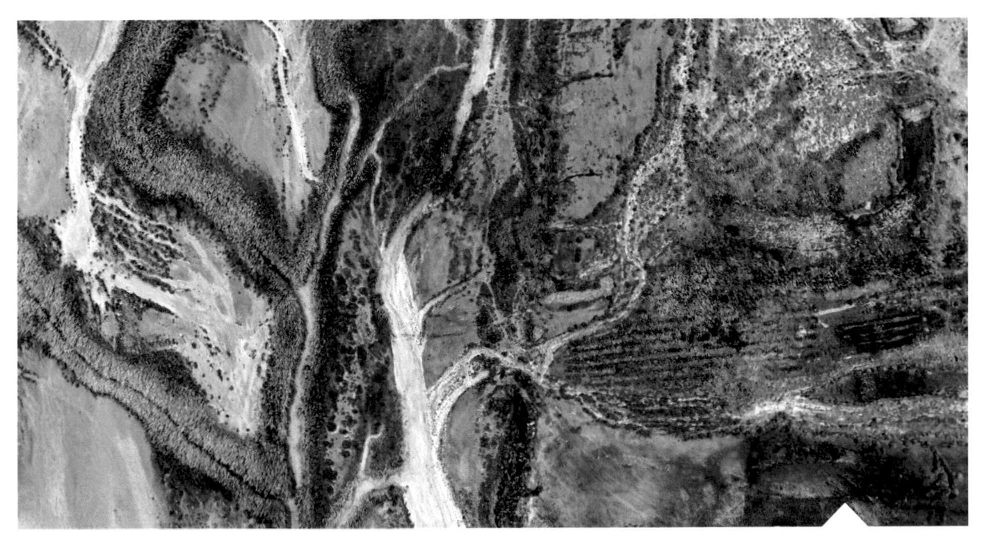
湖面航拍

艾丁湖秋色

盐渍地

坎儿井航拍

这里是天然盐生植物园，低矮的盐穗木，脆硬的花花柴，尖利的骆驼刺和黑刺、梭梭等被盐碱土壤滋养着。

这里还是动物的乐园，珍贵的国家一级保护动物雪豹、北山羊、藏野驴，二级保护动物草原斑猫、棕熊、鹅喉羚、盘羊、岩羊、马鹿、猞猁等频繁出没，偶尔还可见到珍稀濒危的野骆驼，来此寻水觅食。

艾丁湖航拍

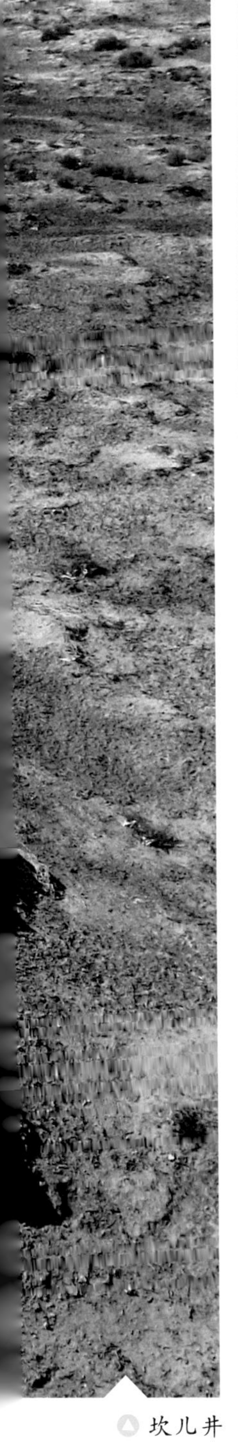

坎儿井

测绘艾丁湖

卡拉库里湖
湛蓝
湖泊

高原神秘湖泊——

卡拉库里湖

在新疆西南端的帕米尔高原上，它静静守候在冰山之父——慕士塔格峰的山脚下，沉静而安祥。水面倒映着巍峨又雍容的慕士塔格峰，映衬着白雪皑皑，神秘而迷人。

扫一扫带你领略大美新疆

雪山与湖泊

湖中倒影

卡拉库里湖是世界上少有的高原湖泊。湖的四周皆是高耸入云端的冰峰雪岭，周围的公格尔峰、公格尔九别峰和慕士塔格峰，都是声名赫赫的世界名山，更为这个湖泊增添了神秘的色彩。

帕米尔高原奥依塔格冰峰

水天一色

群山之中的卡拉库里湖，湖畔水草丰美，常有牧民在此驻牧。天气晴朗时，碧水倒映银峰，湖光山色浑为一体，如诗如画，使游客流连忘返。在远离城市的高原上，人迹罕至，更让它有一种超凡脱俗之美。

夕照

冰山下的人家

湖畔水草丰茂

卡拉库里湖因时间的不同，光线的不同，而色彩变幻，为帕米尔高原增添了一份绰约风姿。这里也是摄影爱好者绝不会错过的景区，一年四季，总能拍出令人惊喜的“大片”。

水天一色

群山环抱

大龙池 · 小龙池
湛蓝
湖泊

天山深处冷翡翠——

大、小龙池

人称天山深处的冷翡翠，库车大、小龙池的秀色可见一斑。在奇绝奇险的独库公路上,能占据最壮丽的一段，和“空中草原”那拉提、浪漫多情的赛里木湖齐名，当然魅力不凡。

扫一扫带你领略大美新疆

冷翡翠大小龙池

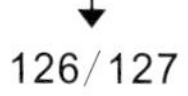

从阿克苏地区库车县出发，向着天山深处走大约120千米，可以看见两个高山湖泊，这就是大龙池、小龙池。

大龙池面积约2平方千米，四面环山，飞瀑溅玉，景色优美；距离大龙池约4千米的小龙池，犹如一颗晶莹的宝石，与大龙池相映生辉。

明静如翡翠的大、小龙池，被群山环抱。千万年天山冰峰融化的雪水汇聚成湖，湖水清冽，清碧透亮。湖面倒映着白云、雪峰、云杉，如仙境一般。遥望山下，云杉翠柏，绿草如茵，牛羊成群，牧民的毡房点缀其间，壮丽奇美的天山奇景令人叫绝。

夏季来临，细雨绵绵，山坡上青翠的云杉绿草，在雪峰的辉映下层层叠叠，使人心旷神怡，这里是避暑度假的好地方。唐代高僧玄奘在他所著的《大唐西域记》中有对大龙池的生动描述。

独库公路

碧波粼粼

俯瞰湖面

远眺山下，名闻中外的独库公路如黑色巨龙，蜿蜒盘旋在深山中，遥遥指向远方的铁力买提达坂。铁力买提达坂，终年积雪，到处都是悬崖陡壁、冰峰耸立。铁力买提达坂隧道是中国著名的高山公路隧道之一。翻越达坂，就能到达牛羊成群、水草丰茂的巴音布鲁克草原。

如今，库车市正以大小龙池为中心，囊括独库公路沿途的景区景点，打造天山特色旅游带。

比
湖
湛蓝
湖泊

新疆最大咸水湖——

艾比湖

艾比湖，意为“向阳之湖”。它是新疆十大湖泊之一，也是新疆最大的咸水湖，湖面呈椭圆状，面积650平方千米。

艾比湖以西是阿拉山口，以北是托里县，都是新疆著名的风口。一年之中，艾比湖将近一半时间都是大风天，这一带是新疆年大风日数最多的地区之一。同时，艾比湖也是新疆重要的生态屏障。

扫一扫带你领略大美新疆

艾比湖位于博尔塔拉蒙古自治州精河县城以北35千米处，距乌鲁木齐市450多千米。博尔塔拉河、精河、奎屯河源源不断地注入艾比湖，为艾比湖提供了主要水源。

艾比湖蕴藏着芒硝、硫酸镁、硼、溴、碘、卤虫等宝贵资源，有重要的经济价值。

长河落日

湿地秋色

水鸟

艾比湖是中国西北重要的生态屏障。湖沿岸广袤的湿地、茂密的芦苇、丰富的动植物资源，为新疆生态建设提供了有力保障。以艾比湖为核心，又纳入水域、沼泽、草甸、生态林等多种自然景观，形成了物种丰富、独特的湿地生态环境，使这里成为国家级自然保护区。

保护区不仅是中国内陆荒漠物种最为丰富的区域之一，还有脊椎动物160多种、鸟类100多种、鱼类十几种，其中有国家级珍贵保护动物38种。生物多样性使艾比湖闻名遐迩......

春夏秋时节，艾比湖烟波浩淼，芦苇、红柳、梭梭等一望无际，栖息于此的鹤、天鹅、野鸭等鸟类，麝鼠、野兔等野生动物繁衍生息。

艾比湖畔生长着一望无际的碱蓬草。每当秋季，碱蓬草便就会由绿变红，如火焰般沿湖岸铺开，形成一道壮丽的景观。此时，俯瞰艾比湖，沙漠、胡杨、苇荡、湖面相映成趣，色彩斑斓如迷人画卷。

艾比湖东岸是亚洲最大的白梭梭林区，野生梭梭、红柳遍布，和成片的胡杨一同铸成密不透风的林带。

湿地风光

艾比湖是鸟群重要的迁徙中转地，每年春秋，成千上万过往的鸟儿栖落湖中，万鸟起飞的场景令人惊叹，吸引着许多观鸟爱好者。

如今，艾比湖已成为人们进行避暑、探险、科考、野营、摄影等活动的胜地。春季远望湖水清波荡漾，静听鸟儿婉转歌唱，夏看湖畔芦苇生机勃勃，秋赏周边植被五彩缤纷。艾比湖充满了原生态之美、人与自然和谐之美。

“活着的化石树”——胡杨

甘家湖梭梭林自然保护区

生死相依

水鸟栖息

台特玛湖
湛蓝
湖泊

“死而复生”的湖——

台特玛湖

这是一个“死而复生”的湖，曾一度干涸。如今，伴随着塔里木河综合治理项目的实施，干涸30多年的台特玛湖重现烟波浩渺的景象。

扫一扫带你领略大美新疆

台特玛湖是塔里木河和车尔臣河（其主要水源）的尾闾湖，在巴音郭楞蒙古自治州若羌县城以北约50千米处。

塔里木河

沙与河

格库铁路、218国道横贯台特玛湖

湿地风光

长久以来，台特玛湖是中国最长的内陆河塔里木河的“终点”。由于不合理开发，加之气候的变化，塔里木河流入干流的水量不断减少，生态不断恶化。1972年，大西海子水库以下的河道断流，致使台特玛湖干涸。2001年6月，国务院正式批复《塔里木河流域近期综合治理规划报告》，总投资约107亿元，遏制塔里木河下游生态持续恶化的状况。经过多年综合治理，塔里木河下游上演“大河归来”盛景，台特玛湖“死而复生”。

现在，台特玛湖面积不断增加。2018年，台特玛湖水面超过500平方千米，已成为南疆第二大湖泊。近年来，湖区周边红柳、胡杨、芦苇等植物面积明显增加，野鸭、野兔、水鸟等野生动物数量也呈增多趋势，生态环境得到改善。在不久的将来，这里也许会成为一个碧波荡漾、游人如织的人间仙境。

起飞

塔里木河胡杨林

沙海共生

鱼虾丰美